U0201370

安全生产知识
50问

赵秋生　孟燕华◎编著

中国工人出版社

图书在版编目（CIP）数据

安全生产知识50问／赵秋生，孟燕华编著.—北京：中国工人出版社，2022.4
ISBN 978-7-5008-7835-3

Ⅰ.①安…　Ⅱ.①赵…　②孟…　Ⅲ.①安全生产－问题解答　Ⅳ.①X93-44

中国版本图书馆CIP数据核字（2022）第059882号

安全生产知识50问

出　版　人	董　宽
责　任　编　辑	赵静蕊
责　任　印　制	栾征宇
出　版　发　行	中国工人出版社
地　　　　址	北京市东城区鼓楼外大街45号　邮编：100120
网　　　　址	http://www.wp-china.com
电　　　　话	（010）62005043（总编室）
	（010）62005039（印制管理中心）
	（010）82027810（职工教育分社）
发　行　热　线	（010）82029051　62383056
经　　　销	各地书店
印　　　刷	北京市密东印刷有限公司
开　　　本	787毫米×1092毫米　1/32
印　　　张	2.75
字　　　数	38千字
版　　　次	2022年5月第1版　2024年6月第5次印刷
定　　　价	12.00元

前言

人民至上、生命至上，发展决不能以牺牲安全为代价。

新《安全生产法》强调加强对广大职工的安全培训教育，全面提升广大职工的安全素质，同时也明确规定了工会在安全生产方面的权利。工会的重要职责就是维护广大职工的合法权益，生命安全是职工最基本的权益，因此工会将保护职工生命安全、维护职工在安全生产方面的权益作为一项重要的职责和工作，积极发动职工群众广泛开展事故隐患排查，对职工进行劳动保护方面的教育和培训，提高职工自我保护的意识，减少职工的违章作业。工会的群众性安全生产监督工作，降低了职工岗位上的安全风险，成为安全生产工作中不可或缺的力量。

为了使职工更好地掌握安全生产、应急救援等方面的知识，提升其自我保护的意识和能力，更好地解决安全生产培训教育"最后一公里"问题，我们针对职工生产作业中常见的安全问题以及职工应当掌握的基本安全生产知识，精心编写了本书。本书内容涵盖四个部分，即事故隐患排查与预防、正确穿戴劳动防护用品、应急救援知识、工伤保险知识。

本书以通俗易懂的语言介绍了有关事前预防、事中应急、事后保障的实用知识，适合职工、工会干部及安全管理人员查阅。希望本书的出版，能够引导广大职工自觉遵守安全生产规章制度，不违章作业，并及时制止他人的违章作业。同时，不断提高安全意识，丰富安全生产知识，增加自我防范能力。由于时间仓促，书中内容如有不当之处，恳请广大读者给予指正。

目录

CONTENTS

第二部分　正确穿戴劳动防护用品

第三部分 应急救援知识

第四部分　工伤保险知识

第一部分

事故隐患排查与预防

01 作业场所中常见的物的不安全状态有哪些？

（1）防护、保险、信号等装置缺乏或有缺陷。一是没有安装相应的安全防护装置，如无防护罩、无报警装置、无安全标志、无护栏等；二是虽然有安全防护装置，但有缺陷，如防护不当、防护罩未在适当位置等。

（2）设备、设施、工具、附件有缺陷。一是设备存在先天缺陷，如设计不当、结构不符合安全要求等；二是设备存在后天缺陷，如制动装置缺陷、设备带"病"运转、设备失修等。

（3）个人防护不到位。一是没有佩戴个人防护装备；二是佩戴了不合格或型号参数不对的防护用品；三是佩戴方式不正确。

（4）生产（施工）场地环境不良。如照明光线不良、通风不良、有害物质超限、工具材料堆放不安全、地面湿滑等。

02 哪些安全问题作业人员必须知悉？

作业人员有三类安全问题必须知悉：

（1）作业过程中存在的危险有害因素，包括各类危险源、安全隐患以及职业病危害因素等。

（2）防护措施，包括企业的安全设施、安全装备、个体防护用品、安全管理制度、操作规程等。

（3）应急救援措施，包括应急预案、应急处置器材配备、应急救援人员配备情况等。

03　发现事故隐患应向谁报告?

从业人员发现事故隐患和不安全因素要及时报告,不得隐瞒不报,这是法律规定的从业人员安全生产义务。发现隐患后既可以向现场负责人报告,如班组长、车间主任、安全管理人员;也可以向企业负责人报告,如厂长经理。接到报告的人员应当及时予以处理,否则追究相关人员的法律责任。

发现事故隐患

04　如何排查工作岗位上的事故隐患？

事故隐患包括物的不安全状态、人的不安全行为和岗位工作的安全管理隐患。工作岗位隐患排查要结合岗位风险特点逐一梳理排查。

物的不安全状态包括硬件设施、工艺设备状态是否良好，各类保护装置是否齐全、正常；个人防护装备是否适当有效，岗位环境是否采光良好、通风是否良好，地面是否安全等。

人的不安全行为主要是对照岗位操作规程检查人员是否存在违章行为，既要排查有意识违章行为，如故意废掉安全装置功能、拿掉保护装置，也要排查无意识违章行为，特别是一些习惯性违章行为。

岗位工作的安全管理隐患包括岗位责任是否明确，岗位管理制度和操作规程是否存在缺陷，岗位培训是否到位，岗位的警示标志是否完好等。

05　常见的违章行为有哪些？

（1）忽视安全、忽视警告。如未经许可开动、关停、移动机器；开动、关停机器时未给信号；忽视警告标志、警告信号；违章驾驶机动车；酒后作业等。

（2）造成安全装置失效。如拆除了安全装置；安全装置堵塞导致不能发挥作用。

（3）使用不安全设备。临时使用不牢固的设施；使用无安全装置的设备。

（4）用手代替工具操作。用手代替手动工具；不用夹具固定、用手拿工件进行机加工。

（5）物体存放不当。成品、半成品、材料码放超高；各种工具没有放入工具箱。

（6）冒险进入危险场所。如冒险进入有限空间、未经允许进入变配电场所等。

（7）不佩戴或不按要求使用个体防护用品。如不戴安全帽；不使用护目镜；不使用防尘口罩等。

06 如何消除或减少违章行为？

要想消除和减少违章行为首先要提高员工的安全意识，为此企业要加强安全培训教育，加强法律法规宣传，不断加深员工对安全管理制度和操作规程的理解，剖析违章的风险与后果，还可以组织员工观看典型事故案例视频资料等。

其次，要培养良好的安全习惯。违章的最大好处就是便利省事，因此人们往往对严格执行规章不习惯。为此应加强安全习惯的养成训练，一旦形成良好的安全习惯，自然会减少违章。

最后，要加大对违章行为的监督检查力度，对于无意识违章行为要及时给予纠正；对于有意识违章行为要进行重罚，让其再也不敢违章。

07 采取哪些措施可避免火灾事故的发生?

避免火灾事故发生可以从三个方面着手：消除可燃物、严格控制火源和做好火灾初期灭火准备。

首先，要尽量使用不燃或难燃材料。另外，要及时清理作业环境中的可燃杂物，把工作环境中的可燃物量降到最低。

其次，要严格控制火源，使用明火作业一定要经过审批。对于抽烟人员要进行严格管理，设定专门吸烟室，避免有人乱扔烟头。要注意避免因电气线路老化、临时用电线路短路、设备过载以及灯具使用不当等引起的火灾。

最后，要做好火灾初期灭火准备，确保在火灾失控前将其扑灭。为此，要根据火灾类型配备种类合适和数量足够的灭火器材。此外，还要定期进行灭火演练。

⓿⓼　工作中如何防止触电伤害？

电气设备和电动工具的外壳、电源导线等一旦出现破损要及时更换修复，不能存在侥幸心理。要确保设备的带电部分不能裸露或轻易被触及，设备的防触电外壳的任何部分必须用工具才能打开，不可以随手打开或拿掉。

使用任何电气设备之前首先要确认是否有漏电保护器对其进行漏电保护。注意不要把过流保护断路器当成漏电保护器，另外要定期检查漏电保护器是否正常，如果按下漏电保护器标有字母"T"的试验按钮后不跳闸，说明漏电保护器失效，要马上更换。

对设备进行检修时，要将设备电源拔掉。对线路或大型设备进行检修时，要断开断路器和隔离开关，同时采取"挂牌上锁"措施，把断开电源的开关锁住，并要自己保管钥匙。

⑨ 班组如何开展危险预知活动？

班组应对所承担的项目、任务，可能会发生哪种伤害，引发哪类事故，如触电、起重伤害、高空坠落、火灾爆炸、中毒窒息等，在作业前仔细预想，分别列出对策加以落实，防患于未然。

让班组每个成员都清楚，要从人、机、料、法、环几个方面细化分析，认真填写危险预知报告书，交班组长和有关人员批准，并在作业前的准备会上做出交底。

班组长要做明白人。班组长和职工工作、生活、学习在一个特定的班组集体中，彼此之间由于同志情、工友爱、师徒谊，组成一个共同体。班组长要通过"上班看脸色、吃饭看胃口、干活看劲头、休息看情绪"来发现班组成员的心理、体力变化，及时发现问题、采取措施加以解决。

⑩ 哪些场所必须采用安全应急照明装置？

除单、多层住宅外，民用建筑、厂房和丙类仓库的下列部位，应设置安全应急照明装置：

（1）封闭楼梯间、防烟楼梯间及其前室、消防电梯间的前室或合用前室和避难层（间）。

（2）消防控制室、消防水泵房、自备发电机房、配电室、防烟与排烟机房以及发生火灾时仍需正常工作的其他房间。

（3）观众厅、展览厅、多功能厅和建筑面积超过 200 平方米的营业厅、餐厅、演播室。

（4）建筑面积超过 100 平方米的地下、半地下建筑，或地下室、半地下室中的公共活动场所。

（5）公共建筑中的疏散走道。

⑪　雷暴时如何防止受到人身伤害？

雷电对人的伤害方式主要有如下几种：一是雷电直接对人产生电击，又称"直击伤害"；二是被雷电击中的物体与人之间产生高压放电，称为"电击伤害"；三是人在被雷电击中的物体附近行走时，两脚之间会产生跨步电压，造成"跨步电压伤害"。

为了避免直击伤害，在雷暴天气应避免在空旷的地带行走或作业，尤其是避免手持或肩扛比较长的物体，防止引来直击雷，也不要躲在大树下，这样做虽然可以避免遭受直击伤害，然而大树一旦被雷电击中会带上几百万伏特的电压，进而对站在其旁边的人产生放电，造成电击伤害。另外，也不要靠近接地装置或大树附近，雷电会使其附近土壤带电，造成跨步电压伤害。雷暴时应停止户外作业，躲进房间或具有屏蔽作用的金属架构空间，如汽车内。

⑫ 从业人员不服从管理，违章作业应负什么法律责任？

　　《安全生产法》第一百零七条规定：生产经营单位的从业人员不落实岗位安全责任，不服从管理，违反安全生产规章制度或者操作规程的，由生产经营单位给予批评教育，依照有关规章制度给予处分；构成犯罪的，依照刑法有关规定追究刑事责任。

　　依照《安全生产法》，从业人员不服从管理、违章作业的主要由企业来教育处罚。但是，一旦这种行为导致了严重后果，则要承担刑事责任。如由于违章导致 1 人以上死亡、3 人以上重伤、100 万元以上直接经济损失都有可能被追究刑事责任。

⑬　起重作业时突然停电，应如何处理？

当塔吊起重机在正常作业中突遇停电（长时间）故障，使起吊物悬挂在空中，且时间较长，应采取以下紧急措施：

（1）将所有控制器拨至"0"位，断开总电源。

（2）由专业维修人员间断地用手打开起升卷扬机制动器或拉闸把手，让起吊物下降，

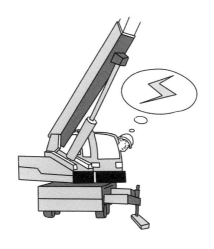

每次下降较短距离，下降速度不得超过额定速度，最后使吊物降至地面。

如起吊物下面有障碍物及房屋时，将起吊物降至离物体或房屋上方安全距离内，然后采取将回转装置制动或拉缆风绳措施，不让其在风力作用下回转；或将塔吊臂架回转至空旷的场所，或回转至建筑物安全部位，或临时搁置在能承载起吊物吨位的钢平台上加以监控，并制动回转，设置警戒线，然后再降至地面。

（3）电源恢复接通后，要进行全面检查，然后再进行吊装作业。

⑭ 动火作业分为几级，作业中要注意哪些安全问题？

动火作业分为三级：特殊动火作业是指在生产运行状态的易燃易爆生产装置、输送管道、储罐、容器等部位上及其他特殊危险场所进行的动火作业；一级动火作业是指在易燃易爆场所进行的除特殊动火作业以外的动火作业；二级动火作业是指除特殊动火作业及一级动火作业以外的禁火区的动火作业。

动火作业应办理"动火作业证"，应有专人监火，动火作业前应清除动火现场及周围的易燃物品，或采取其他有效的安全防火措施，配备足够使用的消防器材。凡在盛有或盛过危险化学品的容器、设备和管道等生产和储存装置上进行动火作业的，应将其与生产系统彻底隔离，并进行清洗和置换，取样分析合格后方可进行动火作业。

⑮　高处作业人员应做好哪些安全防护措施?

高处作业人员应使用合格的脚手架、支架、跳梯、跳板、安全带、安全网等进行工作。临空处应设置不低于 1.2 米的安全栏杆。在无可靠安全防护设施的高处作业时,则必须使用安全带。

高处作业时要注意环境及周边安全,如楼板上的孔、洞应设坚固的覆盖板和围栏,夜间登高作业必须有足够的照明。如有冰块、霜雪,须打扫干净,并采取防滑措施,遇有六级以上大风、暴雨、雷电、大雾等天气一般应停止露天高处作业。靠近输电线路作业时,要注意空中电线,要距离普通电线 1.5 米以上,距 10 千伏以下高压电线 2.5 米以上。

高处作业所用的工具,应放在工具袋内。暂不使用的工具必须放置稳妥,工具材料不能上下扔掷,须经马道运送或用绳索吊运。

16 有限空间作业有哪些危险有害因素，作业前应做好哪些准备工作？

有限空间是指封闭或部分封闭，进出口较为狭窄有限，通风不良的作业空间。有限空间分为三类：密闭设备，如反应塔、压力容器、管道等；地下有限空间，如地下管道、地下室、污水池等；地上有限空间，如储藏室、粮仓、料仓等。

有限空间作业有三类危险有害因素：缺氧；中毒；火灾爆炸。

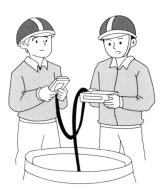

有限空间作业前，有关人员应进行专项安全培训；要制定应急预案，并配备相关的呼吸器、防毒面罩、通信设备、安全绳索等应急装备和器材；进行有限空间作业前需找单位相关负责人进行审批。

有限空间作业应当严格遵守"先通风、再检测、后作业"的原则。检测指标包括氧浓度、易燃易爆物质（可燃性气体、爆炸性粉尘）浓度、有毒有害气体浓度。未经通风和检测合格，任何人员不得进入有限空间作业。检测的时间不得早于作业开始前 30 分钟。

⑰ 遇到侵害人身安全的情形时，从业人员应如何应对？

《劳动合同法》规定，劳动者拒绝用人单位管理人员违章指挥、强令冒险作业不视为违反劳动合同。劳动者对危害生命安全和身体健康的劳动条件，有权对用人单位提出批评、检举和控告。

未按照劳动合同约定提供劳动保护或者劳动条件的，劳动者可以解除劳动合同。尤其是用人单位以暴力、威胁或者非法限制人身自由的手段强迫劳动者劳动的，或者用人单位违章指挥、强令冒险作业危及劳动者人身安全的，劳动者可以立即解除劳动合同，不需事先告知用人单位。

第二部分

正确穿戴劳动防护用品

⑱ 绝缘鞋多久检验一次，使用寿命是多久？

国家标准建议每 6 个月要对绝缘鞋的电绝缘性能进行一次预防性检验。如果绝缘鞋在使用过程中发生过物品刺穿，那么不应再作为绝缘鞋使用。对于存放超过 24 个月（自生产日期起计算）的绝缘鞋须逐只进行电绝缘性能检验，只有电绝缘性能符合标准要求的才能使用。

绝缘鞋由于其材质、生产质量以及使用条件不同寿命也不同，使用寿命原则上可参照生产厂家提供的报废最终期限或报废周期决定。当然，如果因刺穿、腐蚀等因素造成破损，尤其是电绝缘性能检测后不符合标准要求的应提前报废。

⑲ 如何选用劳动防护用品？

劳动防护用品按照人体的防护部位分为以下十大类，包括头部、呼吸、眼面部、听力、手部、足部、躯干、护肤用品、坠落及其他劳动防护用品。

选择劳动防护用品时，应首先辨识分析作业岗位存在的危险有害因素，然后根据其危害的身体部位选择防护用品类别，接着根据危害特性、危害严重程度、劳动强度等选择适当的型号和参数，最后根据劳动者人体尺寸选择适当的号码。

接触粉尘、有毒、有害物质的劳动者应配备相应的呼吸器、防护服、防护手套和防护鞋等。接触噪声的劳动者应佩戴耳塞或耳罩。

对于存在物体坠落造成物体打击危险的劳动者应佩戴安全帽，对于有碎屑飞溅、强光等危险的劳动者应佩戴眼面部防护用品，对于有高处坠落危险的劳动者应佩戴安全带。

❷⓪　安全帽有哪些类别？如何正确佩戴安全帽？

　　安全帽按性能分为普通型（P）和特殊型（T）。普通型用于一般作业场所，只具备基本防护性能；特殊型除具备基本防护性能外，还具备一项或多项特殊性能，适用于一些特殊场所，如防静电型用于防静电场所，电绝缘型用于电工作业场所等。

　　每次佩戴安全帽前，要先确认安全帽的合格证和使用期限，检查安全帽是否有损伤、裂痕，检查帽衬和帽壳之间是否存在 2 ~ 4 厘

米的空隙。

　　安全帽的正确佩戴方法：将安全帽的内衬圆周大小调节到对头部稍有约束感，并用双手试着左右转动帽子，调整到基本不能转动但头部不难受的程度，同时在不系下颌带的状况下尝试低头，保证安全帽不会脱落。完成以上动作后系好下颌带，下颌带需要紧贴下颌，原则上以有约束感但不难受为准。头发较长的人士在佩戴安全帽时需要把头发放进帽衬里面。

21 安全带有哪些类别？如何正确使用安全带？

　　安全带按作业类别分为坠落悬挂用安全带、区域限制安全带、围杆作业用安全带三类。

　　坠落悬挂用安全带是最长的安全带，其作用是在人发生坠落后将人悬在空中避免受到伤害。这类安全带应该"高挂低用"，即安全带的悬挂位置要高于人员作业的位置。要

限制安全绳的长度在 1.5 ~ 2.0 米，使用 3 米以上长绳应加缓冲器。悬挂安全带必须有可靠的锚固点。

区域限制用安全带是通过限制作业人员的活动范围来避免发生坠落。如在建筑物屋顶进行作业时，要限制作业人员不小心超出屋顶范围坠落。

围杆作业用安全带通过围绕在固定杆状物上的绳或带将人体圈定在杆状物附近，与脚下的支撑物共同将人可靠地固定在进行作业的位置，同时双手可以进行其他操作。电力行业登杆作业时要使用这种安全带。

㉒ 危险化学品操作人员需要佩戴哪些防护用品？

危险化学品可产生毒害、腐蚀、爆炸、燃烧、助燃五类危害，危险化学品操作人员要根据危险化学品危害类型、危害的人体部位选择适当的防护用品。

对于接触粉尘类危险化学品的作业人员，应配备防颗粒物呼吸防护用品（如防尘口

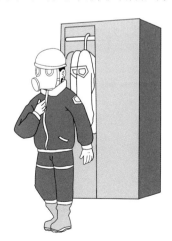

罩）、防尘眼镜等面部防护用品。接触有毒危险化学品要根据毒物类型（如有机物、无机物）选择适当类型的防毒呼吸防护用品。如果现场既有粉尘危害，又有毒性危害物质，则需选用既能防尘又能防毒的综合呼吸防护用品。

　　对于接触腐蚀性危险化学品的作业人员，应穿戴化学防护服、耐化学品防护鞋、耐化学品防护手套以及护目镜等面部防护用品。

　　对于接触易燃易爆危险化学品的作业人员，应穿戴防静电服、防静电手套、防静电安全帽等。

如何选用防尘呼吸防护用品?

防尘呼吸防护用品按照其适用的颗粒物种类分为 KN 型和 KP 型,其中 KN 型只适用于非油性颗粒物,KP 型则油性和非油性颗粒物均适用;按照过滤效率分为 KN90(KP90)型、KN95(KP95)型、KN100(KP100)型,其过滤效率分别为 90%、95% 和接近 100%。

对于危害性较小的一般粉尘,如煤尘、水泥尘、木粉尘、云母尘、滑石尘及其他粉尘,选用 KN90(KP90)型呼吸防护用品。

对于危害性较大的非油性粉尘,如矽尘、金属粉尘(如铅尘、镉尘)、砷尘、烟(如焊接烟、铸造烟)以及石棉等,选用 KN95(KP95)型呼吸防护用品。对致癌性油性颗粒物,如焦炉烟、沥青烟等选择 KP95 型呼吸防护用品。

对于危害性最大的放射性粉尘要采用 KN100(KP100)型呼吸防护用品。

㉔　如何选用防毒呼吸防护用品？

防毒呼吸防护用品可分为"过滤式"和"隔绝式"两大类。

对于有害物浓度超标不是特别严重且不缺氧的作业环境，一般选用过滤式呼吸防护用品。针对单一类型毒物环境，选择 P 型（普通型）过滤罐；对于多类毒物环境，选择 D 型（多类型）过滤罐；对于既有颗粒物（粉尘、滴状物）又有挥发性毒物环境，选择 Z 型（综合型）过滤罐。此外，还要根据作业环境超过国家限值标准情况选择防毒类呼吸防护用品的面罩类型，对于浓度超标小于 10 倍的可采用半面罩，达到和超过 10 倍的采用全面罩。

对于有害物质种类未知、缺氧或严重超标的可立即威胁生命安全健康的环境（如有限空间作业环境），应选择隔绝式呼吸防护用品。

如何正确佩戴呼吸防护用品？

佩戴呼吸防护用品时应注意与面部的密合程度及舒适程度等，尤其要注意不能存在明显的泄漏点，否则防护会失效。佩戴者在进入作业区域前，应调整佩戴密合性，密合性检查包括正压与负压两种方式。

（1）正压检查：佩戴者将排气阀以手掌或其他适当方式封闭后，再缓慢吐气，若面体内的压力能达到并维持正压，空气无向外泄漏的现象，即表示面体与脸颊密合良好。

（2）负压检查：佩戴者使用适当的方式阻断进气，可使用手掌遮盖滤毒盒或滤棉进气部位，或取下滤毒盒再遮盖进气口，再缓慢吸气，使得面体轻微凹陷。若在 10 秒内面体仍保持轻微凹陷，即可判定密合性良好。

26 护听器有哪些类别，如何正确选用和佩戴？

护听器分为耳罩、耳塞两类。耳罩能罩住整个耳朵，结构较复杂、价格贵；耳塞需要塞入耳道，结构简单、价格便宜。

高温高湿环境中，耳塞的舒适度优于耳罩；一般在狭窄有限空间里，宜选择体积小、无突出结构的护听器；在短周期重复的噪声暴露环境中，宜选择佩戴摘取方便的耳罩或半插入式耳塞；在强噪声环境下，当单一护

听器不能提供足够的声衰减时，宜同时佩戴耳塞和耳罩，以获得更高的声衰减。

佩戴塑形耳塞时，需将手清洗干净，然后将塑形耳塞拈细，一只手从侧后方提拉耳朵，另一只手将耳塞塞入耳朵，然后用手指顶住耳塞数十秒，等耳塞在耳道内充分膨胀后再移开。

耳塞、耳罩要在噪声作业过程中全程佩戴，否则即使有少量时间不戴，其效果也会大打折扣。

如何选用和佩戴眼面部防护用品?

眼面部防护用品根据外形结构分为防护眼镜、防护眼罩、防护面罩三种类型。

防护眼镜用于防止各种飞溅物对眼睛的冲击以及各种射线对人眼的伤害。防护眼镜主要用于防止金属、沙、屑等飞溅物对眼部的打击,要佩戴侧光板以防护来自侧面的冲击物,多用于车、铣、刨、磨等工种。

防护眼罩不仅能阻止各种冲击物对眼睛的伤害,还能起到对液体喷溅的防护作用。在使用液体化学品的作业场所,若存在液体喷溅对眼睛造成伤害的风险时,应当选择防护眼罩来保护作业人员的双眼安全。

防护面罩可以对面部及各器官进行保护,对于固体颗粒物冲击、液体飞溅、各种有害光线和热辐射等具有防护作用。选择焊接时所用的眼面部防护用品时应注意选择适当的遮光号,遮光号越高,遮光片越暗。

28　如何正确穿脱防护服，穿脱时要注意哪些事项？

防护服的穿着要遵循一定的次序：将防护服展开，头罩对向自己，开口向上；撑开防化服的颈口、胸襟，两腿先后伸进裤内，穿好上衣，系好腰带；戴上防毒面具后，第一时间检测防毒面具的密闭性，确认无误后扎好防护服胸襟、系好颈扣带；戴上防护手套，放下外袖并系紧。

脱下防护服应遵循的原则是安全地脱下防护服，不对人体和环境造成污染。脱下化学防护服前一定要进行必要的清洗去污。

在脱下防护手套前要尽量避免接触防护服的外表面，手套脱下后要尽量接触防护服的内表面，防护服脱下后应当是内表面朝外，将外表面和污染物包裹在里面，避免污染物接触到人体和环境。脱下的防护用品要集中处理，避免在此过程中扩大污染。

第三部分

应急救援知识

㉙　高温中暑后如何救护？

发现高温作业人员出现口渴、头晕、耳鸣、胸闷、心悸、恶心、四肢无力、体温上升、停止出汗甚至昏迷等情况时，可初步判断为中暑，要立即采取措施进行救护。

（1）搬移。迅速将患者抬到通风、阴凉、干爽的地方，使其平卧并解开衣扣，松开或脱去衣服，如衣服被汗水浸透应更换衣服。

（2）降温。患者头部可捂上冷毛巾，可用50%酒精、白酒、冰水或冷水进行全身擦浴，然后用扇子或电扇吹风，加速散热。

（3）补水。患者仍有意识时，可给一些清凉饮料，如盐汽水等。

（4）促醒。病人若已失去知觉，可指掐人中、合谷等穴位，使其苏醒。若呼吸心跳停止，应立即实施人工呼吸和心脏按压。

（5）转送。对于重症中暑病人，必须立即送往医院诊治。

㉚ 发生触电时应采取哪些急救措施？

发生触电事故时首先要争分夺秒地让触电者脱离电源，同时要注意自己不要触电。脱离电源的首要方法是切断电源，如无法尽快找到电源开关，就要设法使用绝缘物件使触电者脱离触电设备或环境，或者把质量较小的电线、漏电电器拨开。

触电者脱离电源后一定要立即就地进行抢救，绝不能再多花时间把触电者拖到一个更远的所谓合适的地方进行抢救，更不能等待领导或医务人员前来处置。据统计，如果在 4 分钟内及时抢救，救生率是 90% 左右；如果在 10 分钟内及时抢救，救生率是 60% 左右；如果超过 15 分钟再抢救，救生希望甚微。因此，触电急救一定要把握住这"黄金 4 分钟"。

在有人进行心肺复苏的同时，其他人员要及时拨打 120 急救电话。在医护人员到达前一定要轮番坚持不停地进行心肺复苏。

31　当火警发生时，应采取哪些措施？扑救火灾有哪些方法？

一旦出现火警不要惊慌失措，如果火势可控，应设法在火灾失控前将火扑灭。扑灭的方法主要是采用灭火器进行灭火，关键是要使用适当类型的灭火器，如干粉灭火器一般适用于各种火灾；气体灭火器适用于怕遭受污染的火灾，如重要档案材料、贵重仪器等。除了使用灭火器灭火外，还可以采用物理窒息方法灭火，如用灭火毯盖住着火区域，用盖子盖住着火容器等。此外，对于液体或气体泄漏造成的火灾，要及时切断油气阀门。

如果火灾有失控趋势，应马上拨打火警电话 119 报警，报警时头脑要冷静，沉着应答，说明火灾的准确地点、起火单位名称、所在街道、报警人姓名及电话号码、起火部位及火势大小，如在较为偏僻的地方需派专人在路口接应消防车，以免耽误扑救工作。

32 发生高处坠落事故后应如何处置受伤人员？

发生高处坠落后，要根据坠落人员受伤情况做一些力所能及的初步处置，以免人员受伤加重或死亡。

（1）出血急救：出血必须先止血。

（2）骨折急救：如出现四肢骨折可用夹板或木棍等将断骨上、下方关节固定。如出

现骨头外露的开放性骨折，伴有大出血者应先止血，并用干净布片覆盖伤口，然后迅速送往医院进行救治，切勿将外露的断骨推回伤口内。如怀疑有颈椎、腰椎骨折损伤，应避免移动受伤人员，而是等待医护人员前来救治。

（3）颅脑外伤：应使伤员采取平卧位保持气管通畅，若有呕吐情况应扶住伤员头部，同时，将伤员身体转至一侧以防窒息。

（4）穿透伤及内伤：禁止将穿透物拔除，应立即将伤员连同穿透物一起送往医院处置。如有腹腔脏器脱出，可用干毛巾、软布料或搪瓷碗加以保护。

㉝ 发现有毒气体泄漏后应如何处置和逃生？

发现有毒气体泄漏后，首先应对泄漏程度做出基本判断，如果离泄漏源很近或泄漏特别严重而来不及做任何处置，作业人员要屏住呼吸，远离有毒气体浓度特别高的区域，避免短时间内吸进大量有毒气体。

如果泄漏不是特别严重，判断泄漏气体不会在短时间内对人体造成严重危害，应设法关闭气源或管道阀门，启动应急通风设备，然后逃离泄漏现场。

如果泄漏区域特别大，难以短时间内逃离现场，应采取适当防护措施后再逃离，如身边有防毒呼吸防护用品应立即戴上，如果没有，可将毛巾、衣服浸湿捂住口鼻部逃离现场。逃离时还要注意风向，要向泄漏源的风向上游逃离。

㉞ 发现人员急性中毒后如何现场进行抢救？

　　作业现场发现急性中毒人员不要贸然进入现场去救人，尤其是像污水处理池、地下管井等有限空间作业中发生的中毒往往是硫化氢气体中毒，硫化氢中毒可引起"触电式"死亡，让吸入者在几秒钟内死亡，因此施救

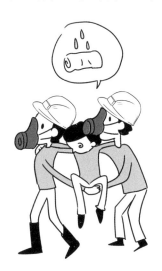

时必须戴好呼吸防护用品才可以施救，避免贸然抢救付出更多的生命代价。如果作业现场没有合适的个体防护用品，要先采取充分通风和其他措施后，如用湿毛巾捂住口鼻，再去救助中毒者。

施救时尽快将中毒人员带到空气新鲜的地方。一旦发现心跳呼吸停止，立即进行心脏按压和人工呼吸，与此同时其他救援人员应与医疗急救中心取得联系。

无论急性中毒人员是否清醒，都要将其送往医院进行应急职业健康检查，及时发现、治疗中毒引起的症状，避免因中毒后不及时治疗产生更严重后果。

化学烧伤后应该怎样处理?

化学烧伤是由于皮肤、黏膜等组织接触到化学物质，而引起的皮肤、黏膜出现变性、坏死等病理性损害，有些化学物质还可经过皮肤、黏膜或呼吸道吸收，使人出现全身中毒症状。

化学烧伤后要尽快让人员脱离现场，脱去化学污染的衣物，并在第一时间找到流动的水源冲洗残存的化学物质，终止化学物质的继续损害，减轻创面烧伤深度，冲洗时间应持续 30 分钟左右。

充分冲洗后做简单包扎，但是尽量不要碰破水疱，抓紧时间赶到烧伤医院进行救治。

㊱　发生爆炸事故时应如何紧急自救?

发生爆炸事故后,爆炸冲击波会导致划伤、摔伤、出血,同时还面临爆炸产生的有毒气体引起的中毒以及二次爆炸导致的危险。爆炸后往往周围的人都会受到不同程度的伤害,因此爆炸后第一时间往往需要紧急自救。

自救的第一步是尽快撤离仍然存在各种危险的爆炸附近区域,撤离时如有浓烟,可用湿毛巾或防毒面具遮住口鼻,如有余力可以看一下附近是否有需要帮助的人,提醒或协助其一起撤离。撤离时原则上是远离可能受到有毒气体污染的下风向区域,奔向上风向区域,但不要正对着爆炸区域奔向上风向区域。

撤离爆炸危险区域后,要及时到医院进行检查治疗。

㊲　扑救危险化学品火灾事故需要注意哪些问题？

（1）扑救气体火灾。切记不是先灭火，在保持稳定燃烧的前提下，先关闭管道阀门或进行堵漏后再灭火。否则泄漏气体会形成爆炸性混合气体，产生后果更为严重的爆炸。

（2）扑救粉状物火灾。粉状物品如硫黄粉、有机颜料、粉剂农药等，不能用加压水冲击，以防粉末飞扬，扩大事故。

（3）扑救爆炸物品火灾。切忌用沙土盖压，以免增强爆炸物品的爆炸威力；扑救爆炸物品堆垛火灾时，水流应采用吊射，避免强力水流直接冲倒堆垛引起再次爆炸。

（4）扑救遇湿易燃物品火灾。绝对禁止用水、泡沫、酸碱等湿性灭火剂扑救遇湿易燃物品火灾，一般可使用干粉、二氧化碳、卤代烷扑救。

（5）扑救易燃液体火灾。比水轻又不溶

于水的液体用直流水、雾状水灭火往往无效，可用普通蛋白泡沫或轻泡沫扑救；水溶性液体（如酒精）要用抗醇泡沫扑救。

（6）扑救毒害品和腐蚀品的火灾。应尽量使用低压水流或雾状水，避免毒害品、腐蚀品溅出；遇酸类或碱类腐蚀品最好调制相应的中和剂稀释中和。

（7）扑救易燃固体、自燃物品火灾。一般可用水和泡沫扑救。

（8）扑救无机毒品中的氰化物，磷、砷、硒的化合物及大部分有机毒品火灾时，禁止站在下风方向和不佩戴氧气呼吸器或空气呼吸器等防毒面具。

38 如何有效地实施心肺复苏术？

心肺复苏术抢救包括三方面：通畅气道、人工呼吸和胸外心脏按压。

（1）通畅气道。让伤员仰卧，然后用手推其下巴使头部后仰以畅通气道。如果发现气道有异物，要及时清除。

（2）人工呼吸。在保持伤员气道通畅的同时，用手捏住伤员鼻翼，救护人员吸气后与伤员口对口紧合，在不漏气的情况下吹气，每次吹气2秒左右，间隔3秒左右进行第二次人工呼吸。

（3）胸外心脏按压。救护人员跪在伤员一侧胸旁，两肩位于伤员胸骨正上方，两臂伸直，肘关节固定不屈，两手掌根相叠，手指翘起，将下面手掌的根部置于被救者胸部两乳头中间位置。利用上身的重力垂直向下按压，压陷深度4~5厘米，每分钟100次左右，每次按压和放松的时间相等。

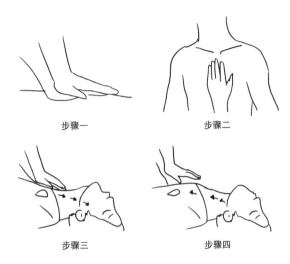

心肺复苏抢救要求人工呼吸与胸外心脏按压同时进行。胸外心脏按压与人工呼吸次数比例为：单人抢救时每按压 30 次，吹气 2 次，反复进行。心肺复苏抢救要一直坚持下去，在医护急救人员到来之前绝不放弃。

应急预案有哪几类？

　　生产经营单位应急预案分为三类：综合应急预案、专项应急预案、现场处置方案。

　　综合应急预案是本单位应对生产安全事故的总体工作程序、措施和应急预案体系的总纲。

　　专项应急预案是为应对某一种或者多种类型生产安全事故，或者针对重要生产设施、重大危险源、重大活动而制定的应急预案。

　　现场处置方案是针对具体场所、装置或者设施所制定的应急处置措施。

第四部分

工伤保险知识

工伤保险

㊵ 工伤保险费由谁来缴纳?

依照《工伤保险条例》，用人单位为本单位全部职工或者雇工缴纳工伤保险费，职工个人不需要缴纳工伤保险费。企业、事业单位、社会团体、民办非企业单位、基金会、律师事务所、会计师事务所等组织和有雇工的个体工商户都属于用人单位，都需为其职工缴纳工伤保险费，这是用人单位的一项法定义务。

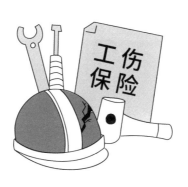

④ 发生工伤后，如何进行工伤认定？

职工发生事故伤害或取得职业病诊断证书的，可向单位所在地的社会保险行政部门（人力资源和社会保障局）提出工伤认定。用人单位、工伤职工或者其近亲属、工会组织均可提出工伤认定。申请工伤认定应当提交下列材料：

（1）工伤认定申请表，申请表应当包括事故发生的时间、地点、原因以及职工受伤害程度等基本情况。

（2）与用人单位存在劳动关系（包括事实劳动关系）的证明材料（劳动合同或其他用工证明）。

（3）医疗诊断证明或者职业病诊断证明书（或职业病诊断鉴定书）。

工伤认定部门自受理工伤认定申请之日起60日内作出工伤认定的决定，并书面通知申请工伤认定的职工或者其近亲属和该职工所在单位。事实清楚的，在15日内作出工伤认定的决定。

42 工伤认定的有效期限有多长，超过认证期限怎么办？

工伤认定的有效期限为事故伤害发生之日或者被诊断、鉴定为职业病之日起1年。

超出认定期限，将不会获得工伤认定。对于这种情况，工伤当事人可要求企业承担其工伤保险待遇，并附带其他民事赔偿。如果企业不予赔偿，当事人可向法院起诉责任企业，还可寻求工会帮助维护自身权益。

㊸　哪些类型的伤害可以被认定为工伤？

职工有下列情形之一的，应当认定为工伤：

（1）在工作时间和工作场所内，因工作原因受到事故伤害的。

（2）工作时间前后在工作场所内，从事与工作有关的预备性或者收尾性工作受到事

故伤害的。

（3）在工作时间和工作场所内，因履行工作职责受到暴力等意外伤害的。

（4）患职业病的。

（5）因工外出期间，由于工作原因受到伤害或者发生事故下落不明的。

（6）在上下班途中，受到非本人主要责任的交通事故或者城市轨道交通、客运轮渡、火车事故伤害的。

此外，以下情况也视同工伤，可获得相应的工伤保险待遇：

（1）在工作时间和工作岗位，突发疾病死亡或者在48小时之内经抢救无效死亡的。

（2）在抢险救灾等维护国家利益、公共利益活动中受到伤害的。

（3）职工原在军队服役，因战、因公负伤致残，已取得革命伤残军人证，到用人单位后旧伤复发的。

44 工作中违规操作或违反劳动纪律导致的伤害是否算工伤?

工伤保险补偿实行无责任补偿原则,也可以称为无过失补偿原则。它是指劳动者在发生工伤事故时,无论事故责任是否属于劳动者本人,受害者均应无条件地得到一定的经济补偿。也就是说,违规操作、违反劳动纪律导致的伤害属于工伤。

45 职工辞职、被开除、退休离开公司后被诊断为职业病，是否可以认定为工伤？

　　从接触职业病危害因素到发病往往有数年、十几年甚至更长的潜伏期，职工在一个企业接触危害因素后即使当时没有发病，也并不代表没有对其健康造成危害。即使职工因为各种原因离开企业后发病，只要能够证明其发病是原来企业的危害因素造成的，原来企业仍需承担对其健康造成危害的责任。

　　需要说明的是，职业病诊断是没有时间限制的，但一旦拿到职业病诊断证书，必须在 1 年内凭借职业病诊断证书去进行工伤认定，超过 1 年的，则无法认定为工伤。

46 工伤伤情稳定后，如何进行劳动能力鉴定和申请工伤保险赔偿？

　　职工发生工伤，经治疗伤情相对稳定后存在残疾、影响劳动能力的，或者停工留薪期满，工伤职工或者其用人单位应当及时向设区的市级劳动能力鉴定委员会提出劳动能力鉴定申请。申请劳动能力鉴定应当填写劳动能力鉴定申请表，并提交下列材料：

　　（1）《工伤认定决定书》原件和复印件。

　　（2）有效的诊断证明、按照医疗机构病

历管理有关规定复印或者复制的检查、检验报告等完整病历材料。

（3）工伤职工的居民身份证或者社会保障卡等其他有效身份证明原件和复印件。

（4）劳动能力鉴定委员会规定的其他材料。

工伤鉴定结果下来后，可以向人力资源和社会保障局申请工伤待遇的，需要提交工伤认定书、伤残鉴定结论、医疗费用发票等资料。

④7 工伤伤残等级是如何划分的?

劳动能力鉴定是指劳动功能障碍程度和生活自理障碍程度的等级鉴定。劳动功能障碍分为十个伤残等级,最重的为一级,最轻的为十级。生活自理障碍分为三个等级:生活完全不能自理、生活大部分不能自理和生活部分不能自理。

48 职工停工治疗工伤保险应支付哪些费用？企业应承担哪些费用？

职工遭受事故伤害或者患职业病进行治疗，由工伤保险基金支付以下费用：

（1）治疗工伤或职业病的费用。

（2）职工住院治疗工伤的伙食补助费。

（3）到工伤保险统筹地区以外就医所需的交通、食宿费用。

（4）安装假肢、矫形器、假眼、假牙和配置轮椅等辅助器具的费用。

停工治疗期间，企业应承担的费用包括：

（1）停工留薪期内，职工原工资福利待遇不变，企业按月支付。

（2）生活不能自理的工伤职工在停工留薪期需要生活护理的，由所在单位承担相应的费用。

49 劳动能力鉴定后存在一定级别劳动能力障碍和生活自理障碍的人员可获得哪些工伤保险补偿？

（1）按月支付的生活护理费。工伤职工已经评定伤残等级并经劳动能力鉴定委员会确认需要生活护理的，由工伤保险基金按月支付生活护理费。生活护理费按照生活完全不能自理、生活大部分不能自理和生活部分不能自理三个不同等级支付，其标准分别为统筹地区上年度职工月平均工资的 50%、40%

和 30%。

（2）一次性伤残补助金。从一级到十级的各级工伤人员都可以获得工伤保险基金支付的一次性伤残补助金，金额从 7 个月本人工资（十级伤残）到 27 个月本人工资（一级伤残）不等。

（3）按月支付伤残津贴。伤残等级为一级到四级的，由工伤保险基金按月支付伤残津贴，标准为：一级伤残为本人工资的 90%；二级伤残为本人工资的 85%；三级伤残为本人工资的 80%；四级伤残为本人工资的 75%；五级及以上的伤残由企业支付伤残津贴或不享受伤残津贴。

㊿ 因工死亡可获得哪些工伤保险补偿?

职工因工死亡,其近亲属按照下列规定可从工伤保险基金中领取以下补偿:

(1)丧葬补助金。标准为 6 个月的统筹地区上年度职工月平均工资。

(2)供养亲属抚恤金。按照职工本人工资的一定比例发给由因工死亡职工生前提供主要生活来源、无劳动能力的亲属。标准为:配偶每月 40%,其他亲属每人每月 30%,孤寡老人或者孤儿每人每月在上述标准的基础上增加 10%。供养亲属的抚恤金之和不应高于因工死亡职工生前的工资。

(3)一次性工亡补助金。标准为上一年度全国城镇居民人均可支配收入的 20 倍。进入 2022 年后,一次性工亡补助金已经超过 90 万元。